Parques Nacionales
COSTA RICA
National Parks

Editado por Incafo, S. A., Castelló, 59.
28001 Madrid
Fotocomposición: Pérez-Díaz. Madrid
Fotomecánica: Cromoarte. Barcelona
Impresión: Industrias Gráficas Alvi.
Manuel Luna, 13. Madrid
ISBN: 84-85389-43-3
Depósito legal: M-1694-1986

Parques Nacionales
COSTA RICA
National Parks

Mario A. Boza

Publicado con la ayuda económica de la

FUNDACION TINKER
E.U.A.

INSTITUTO COSTARRICENSE
DE TURISMO

FUNDACION DE PARQUES NACIONALES
Costa Rica

SERVICIO DE PARQUES NACIONALES
Ministerio de Agricultura y Ganadería
Costa Rica

UNIVERSIDAD ESTATAL A DISTANCIA
Programa de Educación Ambiental
Costa Rica

Contenido

Table of Contents

Introducción

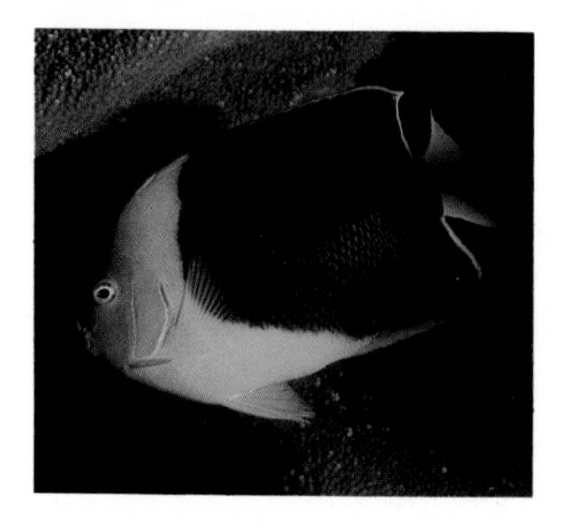

Los parques nacionales de Costa Rica protegen lo mejor del patrimonio natural y cultural de la nación. Estas áreas silvestres superlativas protegen la mayor parte de las 12.000 especies de plantas, 237 de mamíferos, 848 de aves y 361 de anfibios y reptiles que se encuentran en el país. Conservan también la casi totalidad de los hábitats o comunidades naturales existentes, tales como bosques caducifolios, manglares, bosques pluviosos, lagunas herbáceas, bosques nubosos, páramos, yolillales, robledales, arrecifes de coral, bosques ribereños y bosques pantanosos. Pero además, el sistema de parques nacionales y reservas equivalentes contiene áreas de interés geológico, como volcanes, fuentes termales y cavernas; escénico, como playas y cascadas; histórico y arqueológico como campos de batalla y asentamientos precolombinos; y de excepcional importancia conservacionista, como playas donde ocurren arribadas de tortugas marinas e islas donde anidan pelícanos y tijeretas de mar.
El sistema de parques nacionales y reservas equivalentes de Costa Rica comprende un total de 28 unidades que abarcan unas 524.917 Ha. de superficie, lo que corresponde al 10,27% del territorio nacional. Estas áreas, debido a la notable diversidad y riqueza biológicas que poseen, se han convertido en una verdadera «meca» para los ecoturistas, los naturalistas y los investigadores que desean admirar y estudiar la exuberancia de la naturaleza tropical costarricense.

Introduction

The national parks of Costa Rica protect that which is the best of the natural and cultural heritage of our nation. These outstanding wildlands provide shelter for the greater part of the 12,000 species of plants, 237 of mammals, 848 of birds and 361 of amphibians and reptiles which inhabit this country. They also conserve almost all of the natural existing habitats or natural communities, such as deciduous forests, mangrove swamps, rain forests, marshes, paramos, cloud forests, *Raphia* swamps, *Quercus* forests, coral reefs, riparian forests and swamp forests. Furthermore, the system of national parks and equivalent reserves contains areas of geological interest such as volcanoes, caves and hot-water springs; beautiful scenic landscapes such as waterfalls and beaches; interesting historic and archaeological sites such as battlegrounds and pre-Columbian ruins; and exceptionally important areas to be conserved such as the beaches where sea turtles land in huge arribadas or the islands where pelicans and magnificent frigatebirds come to nest.
The Costa Rican system of national parks and equivalent reserves consists of a total of 28 units which cover an extension of approximately 524,917 hectares and which correspond to 10.27% of the national territory. These areas, due to the remarkable biological wealth and diversity which they possess, have become an authentic center of attraction for ecological tourists, naturalists and researchers who wish to study and admire the exuberance of the tropical universe of Costa Rica.

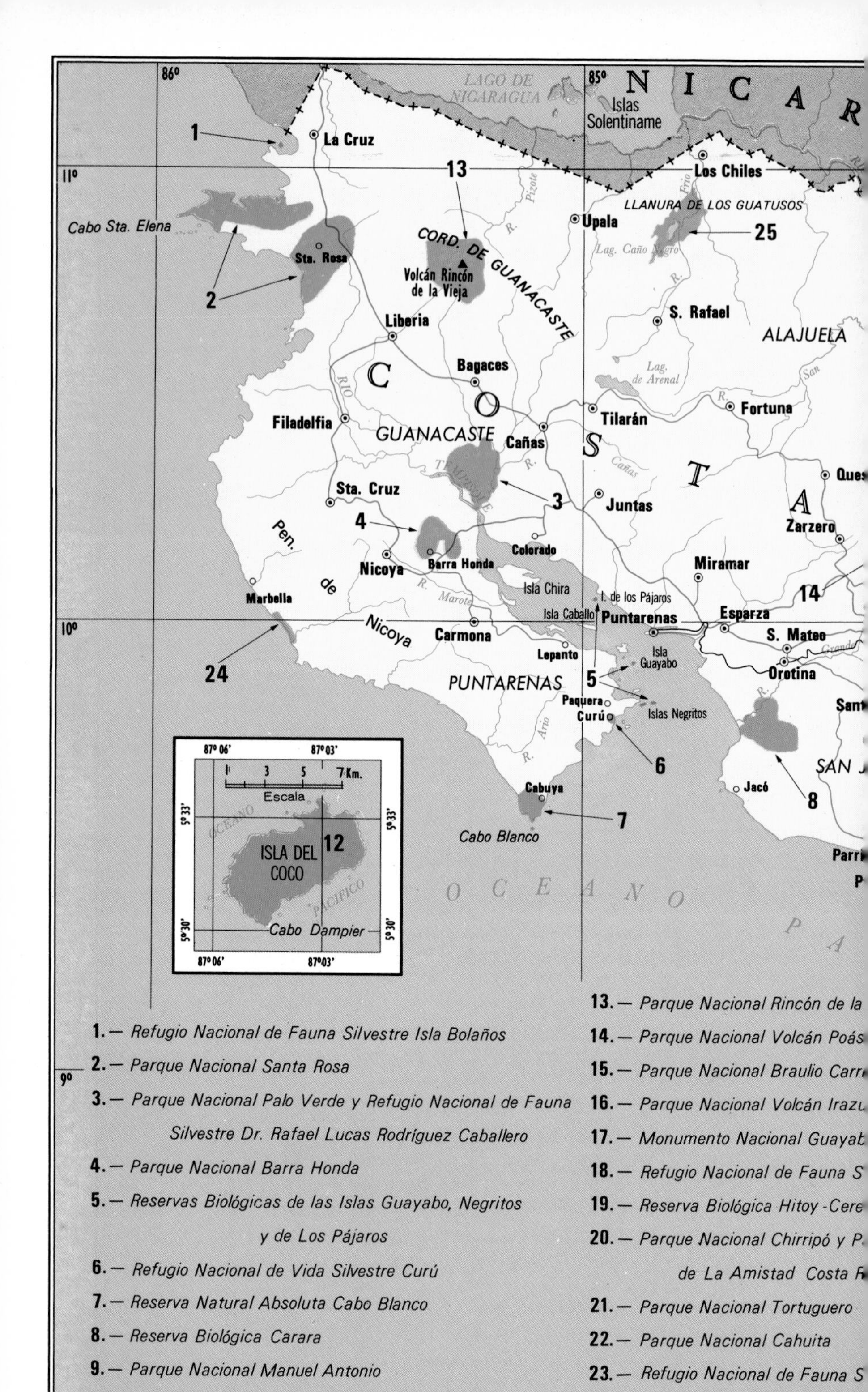

LAGO DE NICARAGUA
Islas Solentiname
N I C A R
La Cruz
Los Chiles
LLANURA DE LOS GUATUSOS
Cabo Sta. Elena
Upala
Lag. Caño Negro
Sta. Rosa
CORD. DE GUANACASTE
Volcán Rincón de la Vieja
S. Rafael
Liberia
ALAJUELA
Bagaces
Lag. de Arenal
C O S T A
Tilarán
Fortuna
Filadelfia
GUANACASTE
Cañas
Sta. Cruz
Juntas
Zarzero
Pen. de Nicoya
Nicoya
Barra Honda
Colorado
Miramar
Marbella
Isla Chira
I. de los Pájaros
Isla Caballo
Puntarenas
Esparza
Carmona
S. Mateo
Lepanto
Isla Guayabo
Orotina
PUNTARENAS
Paquera
Curú
Islas Negritos
Jacó
Cabuya
Cabo Blanco
O C E A N O
ISLA DEL COCO
Escala
Cabo Dampier
1.— Refugio Nacional de Fauna Silvestre Isla Bolaños
2.— Parque Nacional Santa Rosa
3.— Parque Nacional Palo Verde y Refugio Nacional de Fauna Silvestre Dr. Rafael Lucas Rodríguez Caballero
4.— Parque Nacional Barra Honda
5.— Reservas Biológicas de las Islas Guayabo, Negritos y de Los Pájaros
6.— Refugio Nacional de Vida Silvestre Curú
7.— Reserva Natural Absoluta Cabo Blanco
8.— Reserva Biológica Carara
9.— Parque Nacional Manuel Antonio
10.— Reserva Biológica Isla del Caño
11.— Parque Nacional Corcovado
12.— Parque Nacional Isla del Coco
13.— Parque Nacional Rincón de la
14.— Parque Nacional Volcán Poás
15.— Parque Nacional Braulio
16.— Parque Nacional Volcán
17.— Monumento Nacional
18.— Refugio Nacional de Fauna
19.— Reserva Biológica Hitoy -
20.— Parque Nacional Chirripó y
de La Amistad Costa
21.— Parque Nacional Tortuguero
22.— Parque Nacional Cahuita
23.— Refugio Nacional de Fauna
24.— Refugio Nacional de Fauna
25.— Refugio Nacional de Vida
26.— Refugio Nacional de Fauna

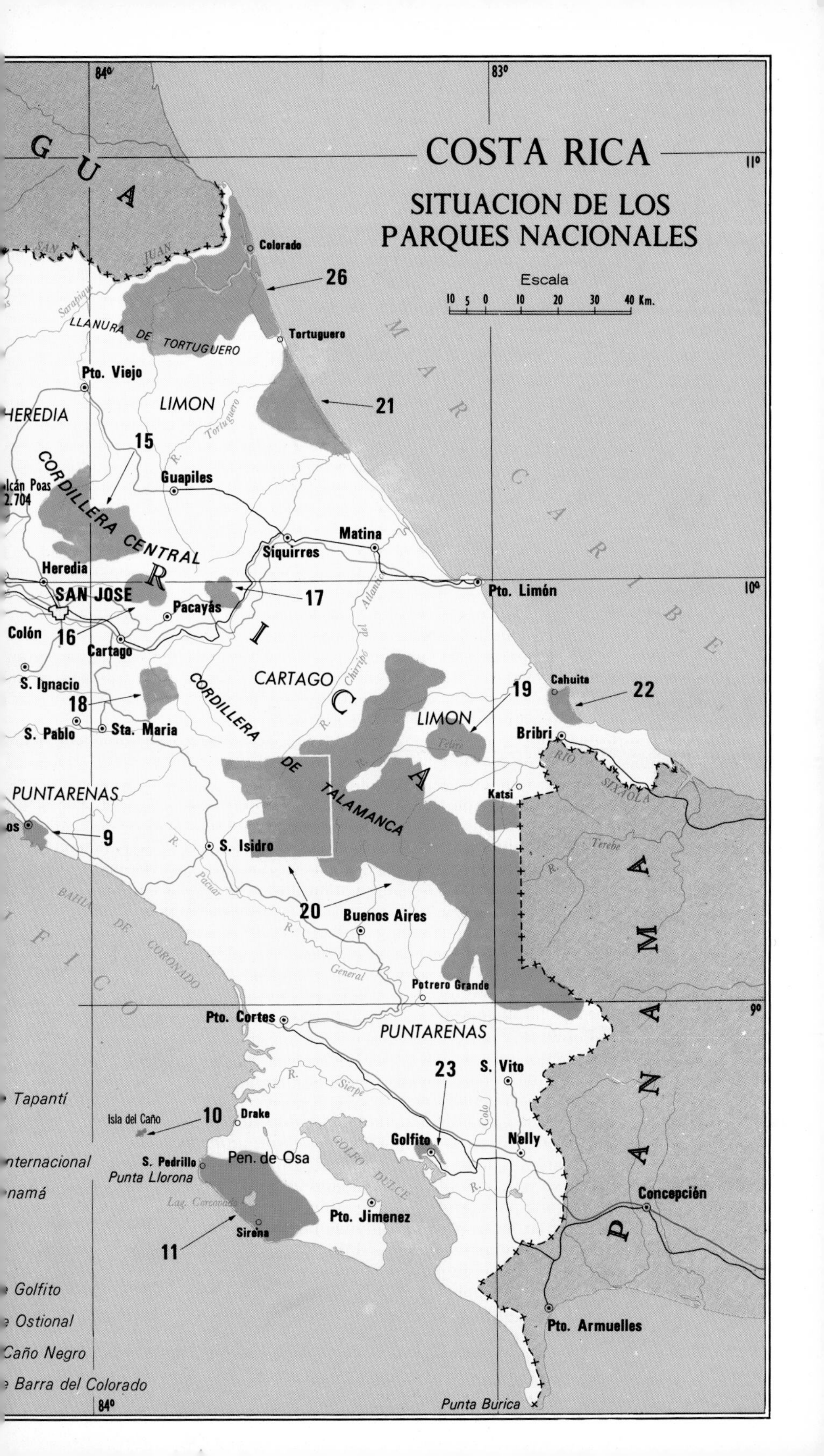
COSTA RICA
SITUACION DE LOS PARQUES NACIONALES
Escala
10 5 0 10 20 30 40 Km.
84º
83º
11º
10º
9º
Colorado
26
Tortuguero
LLANURA DE TORTUGUERO
Pto. Viejo
LIMON
21
HEREDIA
15
CORDILLERA CENTRAL
Guapiles
Matina
Siquirres
Heredia
SAN JOSE
Pacayás
17
Pto. Limón
Colón
16
Cartago
S. Ignacio
CARTAGO
18
CORDILLERA DE TALAMANCA
S. Pablo
Sta. Maria
Cahuita
19
22
LIMON
Bribri
RIO SIXAOLA
Katsi
PUNTARENAS
9
S. Isidro
20
Buenos Aires
Potrero Grande
Pto. Cortes
PUNTARENAS
23
S. Vito
Isla del Caño
10
Drake
Golfito
Nelly
S. Pedrillo
Punta Llorona
Pen. de Osa
Concepción
Pto. Jimenez
Sirena
11
Pto. Armuelles
Punta Burica
MAR CARIBE
PANAMA
COSTA RICA
GUA
BAHIA DE CORONADO
GOLFO DULCE
Tapantí
Internacional
namá
Golfito
Ostional
Caño Negro
Barra del Colorado

Refugio Nacional de Fauna Silvestre Isla Bolaños

25 Ha.
La isla Bolaños es un peñón de 81 m. de altura, de forma ovalada y de topografía irregular, que se localiza a 1,5 km. de la costa de punta Descartes. La vegetación natural está constituida por un matorral deciduo muy denso y difícil de penetrar, de unos 2 m. de alto, del cual sobresalen algunos árboles de mediana altura de higuerón de corona *(Ficus ovalis)* y de flor blanca *(Plumeria rubra)*. La isla es de especial importancia para conservación de aves marinas, por cuanto protege una de las pocas áreas que se conocen en el país donde anidan colonias de pelícanos pardos *(Pelecanus occidentalis)*, y es la única área hasta ahora descubierta en la que anidan tijeretas de mar *(Fregata magnificens)* y ostreros americanos *(Haematopus palliatus)*. La isla presenta una playa de arena blancuza en su extremo E., donde se observan gran cantidad de conchas de caracoles y almejas. El mar que la rodea es de aguas azules y transparentes, y presenta una gran diversidad de vida marina. La zona es una de las más secas del país, con menos de 1.600 mm. de precipitación anual.

Bolaños Island National Wildlife Refuge

25 hectares.
Bolaños Island is an oval-shaped hunk of rock of rough terrain which stands 81 meters high, one and half kilometers off the coast of Descartes Point. The natural plant life consists of very thick deciduous thickets that are very difficult to penetrate. They grow about 2 meters tall and are crowned with a few medium-sized trees such as the crown fig *(Ficus ovalis)* or the frangipani *(Plumeria rubra)*. The island is of special importance for the conservation of sea birds in that it protects one of the few known areas in the country where colonies of brown pelicans *(Pelecanus occidentalis)* nest and likewise, the only nesting area discovered to date of the magnificent frigatebird *(Fregata magnificens)* and the American oystercatcher *(Haematopus palliatus)*. The island has a beach of whitish-colored sand at its eastern tip where a large number of clam and sea shells can be found. The surrounding transparent blue water contains a great variety of marine life. The region is one of the driest in the country with less than 1,600 mm. of annual rainfall.

Parque Nacional Santa Rosa

21.913 Ha.
Es el área de mayor importancia histórica del país; la casona y los corrales coloniales de piedra fueron escenario de la Batalla de Santa Rosa, que ocurrió el 20 de marzo de 1856 y que constituye la mayor gesta heroica de la historia nacional. Santa Rosa es también área de gran importancia para la protección de las comunidades naturales de la región climática denominada Pacífico Seco. Existen en el parque unos 10 hábitats, incluyendo bosques deciduos, sabanas arboladas, bosques de encino *(Quercus oleoides)*, bosques siempreverdes, manglares, bosques ribereños, bosques xerofíticos y vegetación litoral. El número total de especies de plantas descubiertas hasta ahora en el parque, con exclusión de pastos y plantas inferiores, asciende a 603. La fauna es rica y diversa; se han observado 75 especies de mamíferos, 260 de aves y una extraordinaria cantidad de in-

sectos, incluyendo unas 2.000 especies de mariposas nocturnas. Las playas Nancite y Naranjo son de gran belleza escénica y constituyen importantes áreas de anidación para tortugas marinas lora *(Lepidochelys olivacea)*, baula *(Dermochelys coriacea)* y verde *(Chelonia mydas)*; en Nancite se producen las más grandes arribadas de tortugas lora de la América Tropical. Gracias a su diversidad biológica, Santa Rosa se ha convertido en un importante centro internacional de investigación sobre la ecología del bosque tropical seco.

Santa Rosa National Park

21,913 hectares.
This is the most important historical region in the country. The ranch house and the colonial stone corrals were the scene of the Battle of Santa Rosa which took place on March 20, 1856, and constitutes one of the

major heroic feats in the national history of Costa Rica. Santa Rosa is also an area of great importance for the protection of the natural communities of the climatic zone known as Dry Pacific. There are some 10 habitats in the park, including deciduous forest, wooded savanna, *Quercus oleoides* oak forest, evergreen forest, mangrove swamp, riparian forest, xeric forest and littoral woodland. The total number of plant species discovered to date in the park, excluding grasses and lower plant life, totals 603. The wildlife is rich and varied: 75 species of mammals, 260 of birds and an extraordinary number of insects, including 2,000 species of moths, have been observed. Nancite and Naranjo Beaches offer exceptionally beautiful scenic landscapes and constitute an important nesting area for the Pacific ridley *(Lepidochelys olivacea),* leatherback *(Dermochelys coriacea)* and green *(Chelonia mydas)* turtles. The largest arribadas of Pacific ridley turtles in all of Tropical America take place at Nancite Beach. Thanks to its biological variety, Santa Rosa has become an important international research center for studying the ecology of dry tropical forests.

Parque Nacional Palo Verde y Refugio Nacional de Fauna Silvestre Dr. Rafael Lucas Rodríguez Caballero

Parque: 9.466 Ha.; Refugio: 7.354 Ha.

El parque y el refugio constituyen parte de la unidad biogeográfica que se conoce como «las bajuras del río Tempisque», las que forman un mosaico de diversos hábitats inundables de llanura, delimitados por ríos y por una fila de cerros calcáreos. Algunas de estas comunidades naturales son los manglares, los bosques ribereños, los matorrales espinosos, los bosques deciduos, los zacatales, las lagunas salobres, los bosques sobre cerros calcáreos, las sabanas arboladas y los bosques siempreverdes. Un arbusto muy conspicuo en el área por el color de su corteza y que le ha dado el nombre a la zona, es el palo verde *(Parkinsonia aculeata)*. Durante la mayor parte del año el área pantanosa alberga la mayor concentración del país y de Centro América de garzas, garzones, garcetas, zambullidores, ibises, patos, gallitos de agua y otras aves acuáticas y vadeadoras, muchas de las cuales son migratorias. En ambas áreas silvestres, las aves tanto acuáticas como terrestres observadas suman 280 especies. En la isla Pájaros, de 2,3 Ha., localizada frente al refugio, se encuentran las más importantes colonias de nidificación del país para el ibis blanco *(Eudocimus albus)*, el pato aguja *(Anhinga anhinga)*, la garza rosada *(Ajaia ajaja)*, el cigüeñón *(Mycteria americana)* y la garcilla bueyera *(Bubulcus ibis)*, de la cual se han observado hasta 20.000 ejemplares. En los bosques de ambas áreas anida el galán sin ventura *(Jabiru mycteria)*, especie en peligro de extinción, y subsiste la única población de lapas coloradas *(Ara macao)* del Pacífico Norte. Toda la zona es de notable belleza y los cerros Catalina y Guayacán constituyen excelentes miradores.

Palo Verde National Park and Dr. Rafael Lucas Rodríguez Caballero National Wildlife Refuge

Park: 9,466 hectares; Refuge: 7,354 hectares.
The park and the refuge form part of the bio-geographical unit known as «the Tempisque River lowlands», which form a mosaic of different kinds of plains habitats which are often submerged under water and which are marked off by rivers and a range of calcareous mountains. Some of these natural communities are mangrove swamps, riparian forests, thorny thickets, deciduous forests, natural pasture lands, salt-water marshes, calcareous mountain forests, wooded savannas and evergreen forests. One of the most conspicuous trees in the region because of the color of

its bark and which has given its name to the park itself is the Jerusalem-thorn or «palo verde» *(Parkinsonia aculeata)*. During most of the year, the marshy area of the park provides the shelter for the entire country and all of Central America for the largest concentration of herons, storks, egrets, grebes, ibis, ducks, jacanas and other waterfowl and webb-footed birds, many of which are migratory. In the wildlands of both the park and the refuge sightings made of terrestrial as well as aquatic birds came to a total of 280 species. On the 2.3 hectares of Pájaros or Bird Island, located just off the coast of the refuge, the most important nesting colonies in the country for the following species can be found: white ibis *(Eudocimus albus)*, anhinga *(Anhinga anhinga)*, roseate spoonbill *(Ajaia ajaja)*, wood stork *(Mycteria americana)* and cattle egret *(Bubulcus ibis)* of which up to 20,000 individuals have been observed. In the forests of both the park and the refuge nest the jabiru *(Jabiru mycteria)* which is an endangered species and the only population of scarlet macaw *(Ara macao)* in the Northern Pacific. The entire area is outstandingly beautiful and the Catalina and Guayacán Peaks offer magnificent look-out points.

Parque Nacional Barra Honda

2.295 Ha.
El cerro Barra Honda, de 423 m. de altura máxima, contiene un amplio sistema de cavernas calcáreas independientes unas de otras, de las cuales se han explorado 19 hasta la fecha. La profundidad de las cavernas es variable; la más profunda, la Santa Ana, alcanza 240 m. Las más decoradas son la Terciopelo, la Trampa y la Santa Ana, donde se observa gran profusión de estalagmitas, estalactitas, columnas, perlas, flores y agujas de yeso, dientes de tiburón y otras formaciones. La Pozo Hediondo tiene abundancia de murciélagos, y en la Nicoa, considerada como un antiguo cenote, se encontraron restos humanos, adornos y utensilios precolombinos. La vegetación del parque es mayormente caducifolia y la fauna más visible está constituida principalmente por aves, monos y algunos otros mamíferos de pequeño o mediano tamaño. En el borde S. de la cima del cerro, que es plana, existe un excelente mirador, y al pie del mismo corre una quebrada estacional la cual, en el lugar denominado La Cascada, forma unos bellísimos depósitos escalonados de toba calcárea. Otro sitio de interés es Los Mesones, donde se observa un pequeño bosque siempreverde de gran altura.

Barra Honda National Park

2,295 hectares.
Barra Honda Peak which reaches a maximum height of 423 meters contains a vast network of independent limestone caves of which 19 have been explored to date. The depth of the caves varies, the deepest being Santa Ana which descends to 240 meters. The most highly ornamented ones are those of Terciopelo («Fer-de-Lance»), La Trampa («The Trap») and Santa Ana where one can admire a large number of stalagmites, stalactites, columns, pearls, chalk flowers and needles, shark's teeth and other cave formations. Pozo Hediondo or «Stink-Pot Hole» has an abundance of bats and in Nicoa, which is considered an ancient underground reservoir, pre-Columbian human remains, adornments and tools have been discovered. The plant life in the park is mainly deciduous and the most visible wildlife consists principally of birds, monkeys and several other small or medium-sized mammals. On the southern tip of the mountain peak, which is flat, there is an excellent look-out point and at the foot of the same peak there is a stream that flows during the rainy season and which forms beautiful steps of porous limestone deposits (tufa) at the site known as La Cascada or «The Waterfall». Another interesting site is Los Mesones where there is a small enclave of very tall evergreen forest.

Refugio Nacional de Fauna Silvestre Ostional

162 Ha.
La extensa playa Ostional, conjuntamente con la playa Nancite, localizada en el Parque Nacional Santa Rosa, constituyen las dos más importantes áreas del mundo para el desove de la tortuga marina lora *(Lepidochelys olivacea)*. Estos quelonios llegan a la parte central de la playa Ostional en forma de grandes arribadas, de 3 a 10 días de duración, que se producen mayormente de julio a noviembre de cada año, principalmente durante las noches. Cuatro o cinco arribadas grandes pueden ocurrir por año, aunque en algunos casos se han observado hasta 11. Otras especies de tortugas marinas que también anidan aquí ocasionalmente son la baula *(Dermochelys coriacea)*, la más grande de todas, y la verde *(Chelonia mydas)*. En la desembocadura del río Nosara, al SE. del refugio, existe un manglar de considerable tamaño; en esta área y en sus alrededores se han identificado 102 especies de aves. El área cercana a punta India, al extremo NO., es rocosa, de gran belleza escénica, y presenta infinidad de charcas de marea donde se pueden fácilmente observar algas, erizos, estrellas de mar, anémonas y diversidad de peces muy pequeños y de gran colorido. Los cangrejos, sobre todo los conocidos como marineras *(Grapsus grapsus)*, son también muy comunes aquí. La escasa vegetación del refugio está constituida por especies caducifolias, particularmente el árbol flor blanca *(Plumeria rubra)*. Los cactos y otras plantas suculentas forman en algunos puntos de la playa masas compactas que constituyen excelentes refugios para los garrobos *(Ctenosaura similis)*.

Ostional National Wildlife Refuge

162 hectares.
The long stretch of beach at Ostional together with Nancite Beach, located in Santa Rosa National Park, constitute the two most important areas in the world where the Pacific ridley turtle *(Lepidochelys olivacea)* lays its eggs. These turtles land on the central part of Ostional Beach in the form of huge arribadas that last from three to ten days. They usually take place during the night, mainly from July to November of each year. Every year four or five arribadas can take place, although on some occasions up to eleven have been counted. Other species of sea turtles that also nest here

from time to time are the leatherback *(Dermochelys coriacea)*, the largest of all, and the green turtle *(Chelonia mydas)*. At the mouth of the Nosara River in the southeastern corner of the refuge there is a mangrove swamp of considerable dimensions. In this area and its surroundings 102 species of birds have been observed. The area close to India Point on the northwestern tip is a beautiful nature spot, rocky and full of tide pools where seaweed, sea urchins, starfish, sea anemones and a variety of very colorful, tiny fish can easily be seen. Crabs, especially those known as Sally lightfoot crabs *(Grapsus grapsus)*, are also very common here. The sparse plant life of the refuge is made up of deciduous species, mainly the frangipani *(Plumeria rubra)*. On some parts of the beach cacti and other succulent plants form compact masses which provide an excellent shelter for the ctenosaurs *(Ctenosaura similis)*.

Reservas Biológicas de las Islas Guayabo, Negritos y de Los Pájaros

Guayabo: 6,8 Ha.; Negritos (dos islas): 80 Ha.; Pájaros: 3,8 Ha.
Estas cuatro islas tienen en común su importancia como refugios para aves marinas, particularmente pelícanos pardos *(Pelecanus occidentalis)*, tijeretas de mar *(Fregata magnificens)*, y bobos *(Sula leucogaster)*. Guayabo, una imponente roca de unos 50 m. de altura y escasamente cubier-

ta por palmas y algunos arbustos, contiene la más grande de las cuatro colonias de nidificación del pelícano pardo que se conocen en el país, y es también un sitio de invernación para el halcón peregrino *(Falco peregrinus)*. Las islas Negritos están cubiertas de un bosque semideciduo en el cual las especies dominantes más sobresalientes son el flor blanca *(Plumeria rubra)*, el pochote *(Bombacopsis quinatum)* y el indio desnudo *(Bursera simaruba)*. La especie dominante en la isla de los Pájaros es el arbusto güísaro *(Psidium guineense)*. Las costas de las cuatro islas tienen profusa vida marina, particularmente ostras, percebes *(Chthamalus* spp.), cangrejos ermitaños *(Libanarius* spp.) y cambutes *(Strombus galeatus)*. Estas islas y el golfo en el cual están ubicadas presentan un clima muy agradable —6 meses de estación seca—, son de incomparable belleza y el principal don natural que ofrecen es... el sol.

Guayabo, Negritos and Pájaros Islands Biological Reserves

Guayabo: 6.8 hectares. Negritos (two islands): 80 hectares. Pájaros: 3.8 hectares.
These four islands share the importance of being a refuge for sea birds, especially brown pelicans *(Pelecanus occidentalis)*, magnificent frigatebirds *(Fregata magnificens)* and brown boobies *(Sula leucogaster)*. Guayabo, which is an enormous rock, some 50 meters high and sparsely covered with palm trees and a few bushes, shelters the largest of the four nesting colonies of brown pelicans that are known to exist in the country and is also a wintering site for the peregrine falcon *(Falco peregrinus)*. Negritos Islands are covered with a semi-deciduous forest in which the predominant species are the frangipani *(Plumeria rubra)*, spiny cedar *(Bombacopsis quinatum)* and the gumbo-limbo *(Bursera simaruba)*. The dominant species on Pájaros Island is the wild guava *(Psidium guineense)*. The shores of the four islands are alive with marine animals, especially oysters, barnacles *(Chthamalus* spp.), hermit crabs *(Libanarius* spp.) and giant conch *(Strombus galeatus)*. These islands and the gulf where they are located enjoy a very pleasant climate with a six-month dry season. They constitute one of the most beautiful scenic regions in the country and offer one of the best natural resources in the world, which is nothing other than sunshine.

Refugio Nacional de Vida Silvestre Curú

84 Ha.
Pese a su pequeño tamaño, el Refugio Curú, localizado en la bella región del golfo de Nicoya, contiene una gran variedad en flora y fauna, tanto terrestre como marina. Los hábitats existentes son el bosque caducifolio,

el bosque semicaducifolio, el manglar y la vegetación litoral. Algunos de los árboles más grandes de estos bosques son la ceiba *(Ceiba pentandra)*, el cristóbal *(Platymiscium pleiostachyum)*, el pochote *(Bombacopsis quinatum)* y el guapinol *(Hymenaea courbaril)*. La avifauna y la fauna marina son abundantes; se han observado 115 especies de aves, y las ostras *(Ostrea* spp.), los cambutes *(Strombus galeatus)*, las langostas *(Panulirus* sp.), los quitones *(Chiton stokesii)* y los cangrejos son muy abundantes. Los monos, particularmente los carablanca *(Cebus capucinus)*, son fáciles de

ver y de fotografiar. Las tres playas del refugio, la Curú, la Quesera y la Poza Colorada, son de gran belleza panorámica y muy adecuadas para la natación —particularmente la primera—, a causa de su escaso oleaje y poca pendiente; las otras dos son de arena blanca debido principalmente a los fragmentos de los exoesqueletos de los corales que habitan en las aguas cercanas.

Curú National Wildlife Refuge

84 hectares.
In spite of its small size, Curú National Wildlife Refuge, located in the beautiful region of Nicoya Gulf, contains a great variety of plant and wildlife

both on land and at sea. The existing habitats are: deciduous forest, semi-deciduous forest, mangrove swamp and littoral woodland. Some of the tallest trees of these forests are the silk cotton tree *(Ceiba pentandra),* Panama redwood *(Platymiscium pleiostachyum),* spiny cedar *(Bombacopsis quinatum)* and locust *(Hymenaea courbaril).* Birds and marine animals abound: 115 species of birds have been sighted and oysters *(Ostrea* spp.), giant conch *(Strombus galeatus),* lobsters *(Panulirus* sp.), chitons *(Chiton stokesii)* and crabs are very numerous. Monkeys, especially the white-faced capuchin *(Cebus capucinus),* are easily seen and photographed. The three beaches of the refuge, Curú, Quesera and Poza Colorada, offer great scenic beauty and are very well-suited for swimming, especially the first beach because of its calm surf and gentle slope into the water. The other two beaches are made up of white sand ground from fragments of the coral reefs that inhabit the surrounding sea.

Reserva Biológica Carara

4.700 Ha.
Por tratarse de una zona de transición entre una región más seca al N. y otra más húmeda al S., Carara presenta una alta diversidad florística, con predominio de especies siempreverdes. Cruzada por diversos arroyos en su mayoría permanentes, la reserva se destaca en plena estación seca como un oasis de verdor y de frescor. Carara presenta diversos hábitats tales como ciénagas, una laguna con vegetación flotante que ocupa el lugar de un meandro abandonado y bosques primarios, secundarios y de galería. Los dos primeros hábitats protegen diversas especies de anfibios y reptiles —como los cocodrilos *(Crocodylus acutus)*— y de aves acuáticas —como las garzas rosadas *(Ajaia ajaja)* y los patos aguja *(Anhinga anhinga)*—. Algunos de los árboles más grandes y que causan admiración por sus dimensiones, son la ceiba *(Ceiba pentandra)*, el espavel *(Anacardium excelsum)*, el higuerón *(Ficus* spp.), el guayabón *(Terminalia lucida)*, el guácimo colorado *(Luehea seemannii)* y el jabillo *(Hura crepitans)*. La palma viscoyol *(Bactris minor)*, muy espinosa, se encuentra formando rodales casi puros. El interés arqueológico del área está presente particularmente en Lomas Carara, donde existe un cementerio indígena.

Carara Biological Reserve

4,700 hectares.
Situated in a transition zone between a drier region to the north and a more humid region to the south, Carara offers an incredible variety of plant life with a predominance of evergreen species. Criss-crossed by several streams, most of which never dry up, the reserve stands out during the dry season like a fresh, green oasis. Carara has many different habitats such as swamps, a lagoon covered with aquatic plants that occupies an abandoned meander in one of the streams and primary, secondary and gallery forests. The two former habitats protect different species of amphibians and reptiles such as crocodiles *(Crocodylus acutus)* and waterfowl such as the roseate spoonbill *(Ajaia ajaja)* and anhinga *(Anhinga anhinga)*. Some of the taller trees in the forest are very impressive due to their spectacular dimensions. These include the silk cotton tree *(Ceiba pentandra)*, wild cashew *(Anacardium excelsum)*, fig tree *(Ficus* spp.), mountain guayabo *(Terminalia lucida)*, mapola *(Luehea seemannii)* and possumwood *(Hura crepitans)*. The very prickly huiscoyol *(Bactris minor)* grows in isolated, almost completely homogeneous clumps. The region also offers great archaeological interest, especially on Lomas Carara or «Carara Heights» where there is an indigenous cemetery.

Reserva Natural Absoluta Cabo Blanco

1.172 Ha.

Cabo Blanco es un refugio de gran importancia para la protección de aves marinas, particularmente pelícanos pardos *(Pelecanus occidentalis)* y tijeretas de mar *(Fregata magnificens)*. Un punto de referencia muy visible y refugio inexpugnable para una gran población de aves, es la Isla Cabo Blanco, un peñón rocoso de paredes verticales, localizado a 1,6 km. de la costa, y que presenta un color blanquecino por el guano depositado. La colonia de cría del bobo *(Sula leucogaster)* que existe aquí, contiene más de 500 parejas y es la más grande del país. Los bosques son predominantemente siempreverdes, aunque con algunas especies deciduas, como el pochote *(Bombacopsis quinatum)*, el árbol más abundante. Se han identificado hasta ahora 119 especies de árboles en la reserva. La fauna marina es variada; es muy alta la población de peces, cangrejos, quitones *(Chiton stokesii)*, burgados *(Nerita* spp.), langostas, camarones y

muchas otras especies de la zona entre mareas y de aguas vecinas. Las formaciones que ha expuesto el mar son muy atractivas y geológicamente interesantes. La belleza escénica del área es maravillosa; el mar es de un azul profundo, y las playas que en su mayor parte están cubiertas de rocas, se hallan bordeadas por bosque denso.

Cabo Blanco Strict Nature Reserve

1,172 hectares.
Cabo Blanco or «White Cape» is a refuge of great importance for the protection of sea birds, especially brown pelicans *(Pelecanus occidentalis)*

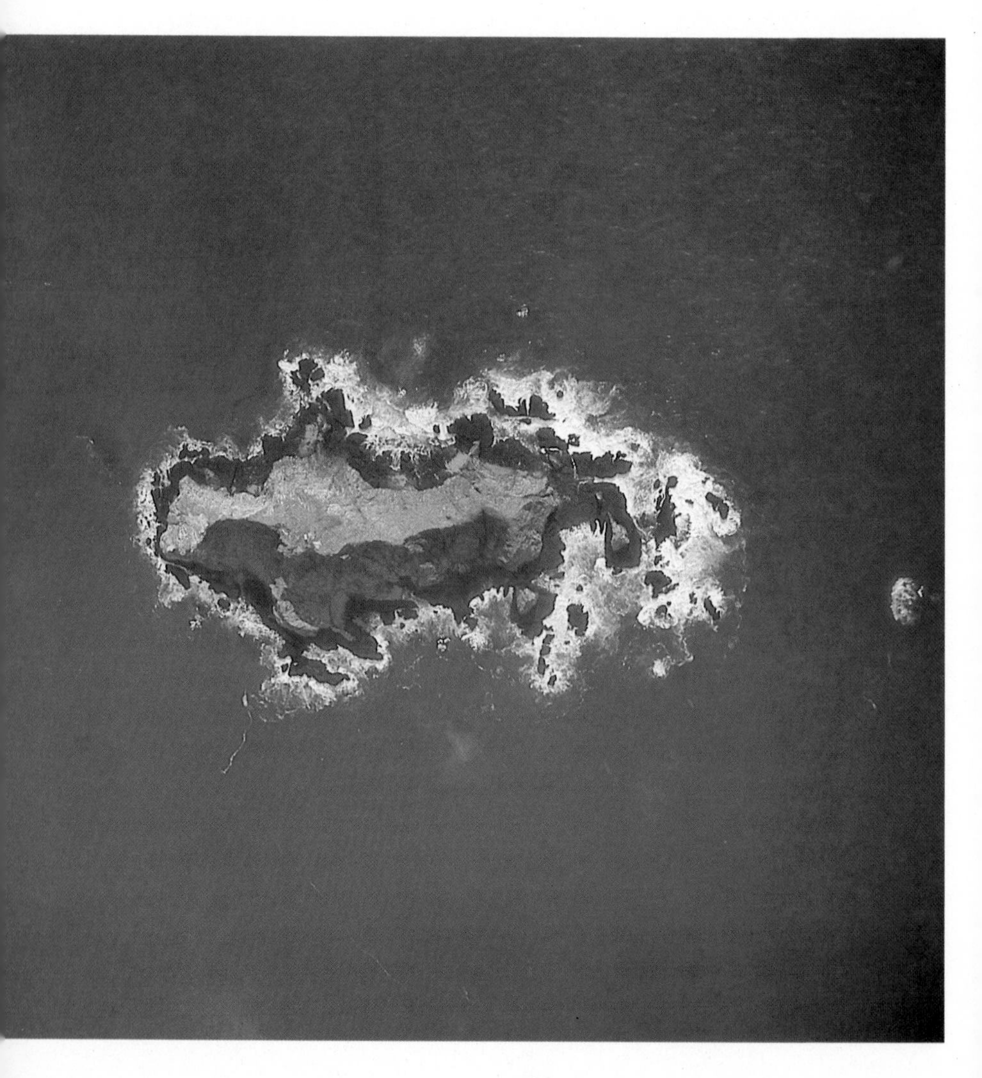

and magnificent frigatebirds *(Fregata magnificens)*. One of the most visible landmarks and impregnable shelters for a large population of birds is Cabo Blanco Island, a rocky mound with sheer vertical cliffs located 1.6 kilometers off the coast and covered with white guano deposits. The breeding colony of brown boobies *(Sula leucogaster)* that nest here consists of over 500 couples and is the largest in the country. The forests are mainly evergreen, although there are some deciduous species such as the spiny cedar *(Bombacopsis quinatum)*, which is the most common tree to be found here. To date 119 species of trees have been identified in the reserve. The marine life is very diverse and there is a large population of fish, crabs, chitons *(Chiton stokesii)*, nerites *(Nerita* spp.), lobsters, shrimp and many other species that live in the tidewater and tide pools. The formations which the sea has carved in the rock are both very beautiful and geologically interesting. The scenic beauty of the region is spectacular: the sea is a deep blue and the beaches, which are mostly covered by rocks, are fringed by dense forest.

Parque Nacional Manuel Antonio

690 Ha.
Es uno de los parques de mayor belleza escénica de todo el sistema. Su atractivo principal lo constituyen las playas Espadilla Sur y Manuel Antonio, de arena blancuza, escaso oleaje, pendiente suave, aguas transparentes y un bosque alto siempreverde que crece hasta cerca de la línea de pleamar. Las principales comunidades naturales son el bosque primario, el bosque secundario, el manglar, las lagunas y la vegetación de playa. Hasta ahora se han descubierto 346 especies de criptógamas vasculares y angiospermas. La fauna es variada; se han identificado 109 especies de mamíferos y 184 de aves. La especie más sobresaliente es el bello y gracioso mono ardilla *(Saimiri oerstedii)*, que tiene una distribución muy restringida. Desde la playa es también factible observar perezosos de dos dedos *(Bradypus griseus)*, mapachines *(Procyon lotor)*, pizotes *(Nasua narica)*, monos congo *(Alouatta palliata)* y monos carablanca *(Cebus capucinus)*.

La flora y fauna marinas son variadas; en las seis comunidades marinas principales se han identificado 10 especies de esponjas, 19 de corales, 24 de crustáceos, 17 de algas y 78 de peces. Tres rasgos geomorfológicos interesantes son el tómbolo de punta Catedral, el hoyo soplador de Puerto Escondido y las cuevas marinas de punta Serrucho. Las 12 islas que quedan frente al parque, la mayoría casi sin vegetación, son excelentes refugios para las aves marinas, y constituyen una importante área de nidificación para el bobo *(Sula leucogaster)*.

Manuel Antonio National Park

690 hectares.
Manuel Antonio National Park is one of the most beautiful parks in the whole park system. Its main attraction lies in its two beaches known as Espadilla Sur and Manuel Antonio which are graced with white sand,

gentle waves, a long slope into transparent blue water and a tall evergreen forest that grows right down to the hightide mark. The main natural communities are primary forest, secondary forest, mangrove swamp, lagoons and beach vegetation. To date 346 species of vascular cryptogams and angiosperms have been discovered. The wildlife is varied: 109 species of mammals and 184 of birds have been identified. The most remarkable species is the beautiful, quaint squirrel monkey *(Saimiri oerstedii)* which has a very restricted habitat. From the beach it is also possible to observe two-toed sloths *(Bradypus griseus),* racoons *(Procyon lotor),* coaties

(Nasua narica), howler monkeys *(Alouatta palliata)* and white-faced capuchins *(Cebus capucinus)*. The marine animals and plants are very diverse. In the six main sea habitats 10 species of sponges, 19 of coral, 24 of crustaceans, 17 of seaweed and 78 of fish have been identified. The park offers three interesting geomorphological features: the sand bar at Cathedral Point, the blow-hole at Puerto Escondido and the sea caves along Serrucho Point. The 12 islands that lie off the coast of the park, almost all without plant cover, constitute an excellent refuge for sea birds and an important nesting zone for the brown booby *(Sula leucogaster)*.

Reserva Biológica Isla del Caño

200 Ha.
La isla tiene una gran significación arqueológica por cuanto fue usada como cementerio por los indígenas de la zona. Geológicamente se trata de una de las áreas más viejas del país; hace unos ciento cincuenta millones de años, cuando no existía la Costa Rica continental, formó parte de un conjunto de islas denominado el arco externo. La isla está totalmente cubierta de un bosque siempreverde en el cual sobresalen grandes árboles de vaco *(Brosimum utile)* también llamado árbol de leche a causa del látex blanco que exuda cuando se le hacen cortes. Este látex puede be-

berse. La fauna es escasa, únicamente se ven algunas especies de aves, insectos y reptiles. El mar que rodea la isla es de gran transparencia, la costa es rocosa y con algunas pequeñas y bellas playas. La ictiofauna es muy rica, al igual que los moluscos, crustáceos y otros invertebrados. Se encuentran aquí altas poblaciones de especies amenazadas como langostas *(Panulirus* sp.) y cambutes *(Strombus galeatus)*. En las charcas de marea se observa una gran diversidad de especies de peces de gran colorido, así como estrellas frágiles *(Ophiocoma* sp.) y erizos *(Echinometra* sp.). Sobre las rocas abundan los burgados *(Nerita* sp.), las lapas *(Fisurella* spp.), los quitones *(Chiton stokesii)*, los cascos de mula *(Siphonaria gigas)* y los cangrejos marinera *(Grapsus grapsus)*. También alrededor de la isla, se encuentran parches de arrecifes de coral que crecen hasta una profundidad de 15 m.

Caño Island Biological Reserve

200 hectares.
This island has great archaeological importance in that it was used as a cemetery by ancient coastal Indian tribes. Geologically, it is one of the oldest regions in the country. Approximately 150 million years ago when Costa Rica did not exist as part of the continental land mass, the island formed part of a group of islands known as the «outer arc». The island is completely covered by evergreen forest which is presided over by the milk tree *(Brosimum utile)* due to its great height and given this name because of the white latex which it exudes when the bark is cut. This latex can be drunk. There is little wildlife on the island, only a few species of birds,

insects and reptiles can be seen. The surrounding sea is crystal-clear and the coast is rocky with a few small, beautiful beaches. There is a wealth of fish as well as mollusks, crustaceans and other invertebrate animals. The island harbors dense concentrations of endangered species such as lobster *(Panulirus* sp.) and giant conch *(Strombus galeatus)*. A great variety of multicolored fish can be observed in the tide pools along with brittle stars *(Ophiocoma* sp.) and sea urchins *(Echinometra* sp.). The rocks abound with nerites *(Nerita* sp.), keyhole limpets *(Fisurella* spp.), chitons *(Chiton stokesii)*, limpets *(Siphonaria gigas)* and Sally lightfoot crabs *(Grapsus grapsus)*. Around the island there are also patches of coral reef which grow to a depth of 15 meters.

Refugio Nacional de Fauna Silvestre Golfito

1.309 Ha.
Es un área de topografía irregular y de alta pluviosidad. El bosque es siempreverde, denso y de gran altura; el estrato emergente está constituido por enormes árboles de guavo *(Pithecolobium macradenium)*, ceiba *(Ceiba pentrandra)*, canfín *(Tetragastris panamensis)*, ajo *(Caryocar costaricensis)*, nazareno *(Peltogyne purpurea)*, que produce una madera pesada de bellísimo color púrpura ideal para muebles y artesanía; manú *(Minquartia guianensis)*, pilón *(Hieronyma alchorneoides)* y lechoso *(Brosimum utile)*, que produce un látex blanco que se bebe a manera de leche. Una rareza botánica que se encuentra en este refugio es un árbol del género *Caryodaphnopsis*, de la familia Lauraceae; este género es asiático y sólo ha sido encontrado una vez en la Amazonía Peruana. En el sotobosque son muy abundantes las palmas, la *Zamia pseudoparasitica* —planta primitiva semejante a una palmera pequeña—, y las heliconias *(Heliconia* spp.), de bellas flores amarillas, rojas o anaranjadas. Algunos de los mamíferos aquí presentes son el saíno *(Tayassu tajacu)*, el tepescuintle *(Agouti paca)*, la guatusa *(Dasyprocta punctata)*, el mapachín *(Procyon lotor)* y el pizote *(Nasua nasua)*. El refugio tiene particular importancia para la conservación de las aguas que surten a la cercana ciudad de Golfito, y es en general muy poco conocido biológicamente.

Golfito National Wildlife Refuge

1,309 hectares.

This refuge is located in an area of very rough terrain that receives very heavy rainfall. The forest is thick, tall evergreen. The emergent layer is made up of enormous yellow saman *(Pithecolobium macradenium),* silk cotton tree *(Ceiba pentandra),* copal *(Tetragastris panamensis),* butternut tree *(Caryocar costaricensis),* purple heart *(Peltogyne purpurea)* which produces a heavy wood of exquisite purple color that is perfect for furniture and cabinetwork, manwood *(Minquartia guianensis),* bully tree

(Hieronyma alchorneoides) and milk tree *(Brosimum utile)* which produces a white latex that can be drunk like milk. A botanical rarity that grows in this refuge is a tree that belongs to the *Caryodaphnopsis* genus of the Lauraceae family. This is an Asiatic genus and has only been found once in the Peruvian Amazons. In the forest understory there is an abundance of palm trees, *Zamia pseudoparasitica* which is a primitive plant similar to a dwarf palm and heliconias *(Heliconia* spp.) with beautiful yellow, red or orange flowers. Some of the more common mammals are the collared peccary *(Tayassu tajacu),* paca *(Agouti paca),* agouti *(Dasyprocta punctata),* racoon *(Procyon lotor)* and coati *(Nasua narica).* The refuge, of which a thorough biological study has not yet been made, is especially important for the conservation of the water system which supplies the nearby city of Golfito.

Parque Nacional Corcovado

41.788 Ha.
Es una de las áreas más lluviosas del país —hasta 5.500 mm. por año en los cerros más elevados—. Los principales hábitats del parque son el bosque de baja montaña y el bosque de alta montaña —los más extensos—; el yolillal, el bosque de bajura, el pantano herbáceo, el bosque pantanoso, el manglar y la vegetación litoral. Existen unas 500 especies de árboles en todo el parque; algunos de los más grandes —verdaderos gigantes del bosque— y que pueden alcanzar de 40 a 50 m. de altura, son el nazareno *(Peltogyne purpurea)*, el poponjoche *(Huberodendron allenii)*, el ajo *(Car-*

yocar costaricense), el espavel *(Anacardium excelsum)* y el cedro macho *(Carapa guianensis)*. En la parte llana se encuentra lo que parece ser el árbol más alto del país: una ceiba *(Ceiba pentandra)* de enormes gambas y de más de 70 m. de altura. La fauna es extraordinariamente abundante y diversa; se han identificado hasta ahora casi 300 especies de aves, 139 de mamíferos y 116 de anfibios y reptiles, y se estima que existen de 5.000 a 10.000 de insectos. El parque protege la población más grande de lapas coloradas *(Ara macao)* del país. El área denominada laguna de Corcovado es un pantano de unas 1.000 Ha. que constituye un enorme refugio para aves, anfibios y reptiles. En la extensa playa del parque desovan tortugas marinas. Corcovado protege especies amenazadas como el jaguar

(Felis onca), el cocodrilo *(Crocodylus acutus)*, la danta *(Tapirus bairdii)* y diversas rapaces como —posiblemente— el águila harpía *(Harpia harpyja)*. Debido a la gran diversidad y abundancia de su flora y su fauna, Corcovado se ha convertido en un importante centro internacional de investigaciones sobre el bosque tropical húmedo o pluvioso.

Corcovado National Park

41,788 hectares.
This park is located in one of the rainiest regions of the country with up to 5,500 mm. per year on the highest peaks. The main habitats in the park are lowland forest, upper montane forest (the most extensive), *Raphia* swamp, lowland forest, herbaceous swamp, swamp forest, mangrove swamp and littoral woodland. There are approximately 500 different species of trees in the entire park. Some of the largest, which are veritable giants of the forest that can reach heights of 40 to 50 meters, are the purple heart *(Peltogyne purpurea)*, ponponjoche *(Huberodendron allenii)*, butternut tree *(Caryocar costaricense)*, wild cashew *(Anacardium excelsum)* and crabwood *(Carapa guianensis)*. In the lowland region grows what is probably the tallest tree in the whole country: a silk cotton tree *(Ceiba pentandra)* with enormous buttresses that reaches a height of 70 meters. The wildlife is extraordinarily abundant and varied in the park. To date almost 300 species of birds, 139 of mammals and 116 of amphibians and reptiles have been identified and it is estimated that there are between 5,000 to 10,000 different species of insects. The park protects the largest population of scarlet macaw *(Ara macao)* in the country. The area known as Corcovado Lake is a herbaceous marsh that extends approximately 1,000 hectares and provides a vast refuge for birds, amphibians and reptiles. Sea turtles nest along the park's long stretch of beach. Corcovado protects endangered species such as the jaguar *(Felis onca)*, crocodile *(Crocodylus acutus)*, tapir *(Tapirus bairdii)* and diverse birds of prey, possibly the harpy eagle *(Harpia harpyja)*. Due to its great wealth and diversity of plant and wildlife, Corcovado has become an important international center for research on tropical rain forests.

Parque Nacional Isla del Coco

2.400 Ha.

La isla del Coco es famosa por los tres tesoros, entre ellos el de Lima, que según se cuenta, fueron escondidos aquí por piratas y capitanes de buques. Hasta ahora, más de 500 expediciones los han buscado sin éxito. Sin embargo, el tesoro natural de la isla es lo que más interesa a los científicos y naturalistas que la visitan; por su gran distancia del continente, el área es considerada como un laboratorio natural para el estudio de la evolución de las especies. Hasta ahora se han identificado 235 especies de plantas —unas 70 endémicas—, 85 de aves —3 endémicas—, 2 de lagartijas —ambas endémicas—, 3 de arañas, 57 de crustáceos, más de 200 de

peces, 118 de moluscos marinos, 362 de insectos —65 endémicos— y 18 de corales. El parque es un criadero muy importante para varias especies de aves marinas que no anidan en tierra firme costarricense, tales como el piquero patirrojo *(Sula sula)*, la fragata grande *(Fregata minor)*, la teñosa negra *(Anous tenuirostris)* y la paloma del Espíritu Santo *(Gygis alba)*. La isla, que es de origen volcánico, es extremadamente lluviosa —unos 7.000 mm. por año—, y está toda cubierta de un bosque siempreverde, el cual presenta condición nubosa en el cerro más alto, el Iglesias, de 634 m. La topografía es muy quebrada, lo que da lugar a la formación de muchas cascadas, algunas de las cuales caen espectacularmente al mar desde gran altura. La costa es muy sinuosa, tiene acantilados de hasta 183 m. de altura e infinidad de cuevas submarinas. El mar, de color azul turquesa y extraordinaria transparencia, contiene arrecifes de coral y una fauna marina excepcionalmente rica; abundan los tiburones, los delfines, las mantas y los atunes.

Coco Island National Park

2,400 hectares.
Coco Island is famous for three treasure chests, including the Lima booty, that according to legend were hidden there by pirates or ships' captains. Up to now, over 500 expeditions have searched for them in vain. However, the natural treasure of the island is what most interests scientists and naturalists who visit it. Due to the great distance that separates the island from the mainland, the region is considered a natural laboratory for studying evolution and speciation. To date 235 species of plants, 70 of which are endemic, 85 of birds of which 3 are endemic, 2 of lizards both of which are endemic, 3 of spiders, 57 of crustaceans, over 200 of fish, 118 of sea mollusks, 362 of insects of which 65 are endemic and 18 of coral have been identified. The park is a very important breeding ground for different species of sea birds which do not nest on land anywhere in Costa Rica, such as the red booby *(Sula sula)*, great frigatebird *(Fregata minor)*, black noddy *(Anous tenuirostris)* and white tern *(Gygis alba)*. The island, which is of volcanic origin, receives a great deal of rainfall, approximately 7,000 mm. per year, and it is entirely covered with evergreen forest. On the highest point of the island, Iglesias Peak which rises 634 meters, the vegetation becomes cloud forest. The terrain is very fractured which gives rise to the formation of many waterfalls, some of which plunge into the sea from spectacular heights. The coastline is very jagged with cliffs up to 183 meters high and innumerable underwater caves. The sea which is an incredibly transparent, turquoise blue, has coral reefs and exceptionally rich colonies of marine life. There are numerous sharks, dolphins, sting rays and tunafish.

Parque Nacional Rincón de la Vieja

14.083 Ha.

El Rincón de la Vieja, de 1.916 m. de altitud, es una estructura compuesta, formada por vulcanismo simultáneo de cierto número de focos eruptivos que crecieron convirtiéndose en una sola montaña. En la cima se han identificado nueve puntos eruptivos, dos de ellos activos y los restantes en proceso de degradación; existe también una laguna de 3 Ha. de aguas puras y de gran belleza. El último período eruptivo fuerte, con lanzamiento de grandes nubes de ceniza y producción de sismos y ruidos subterráneos, ocurrió entre 1966 y 1970. Al pie del volcán, del lado S. se encuentran las áreas llamadas Las Pailas y Las Hornillas, constituidas por fuentes termales, lagunas solfatáricas, volcancitos de fango y otras interesantes formaciones. El Rincón de la Vieja presenta cuatro zonas de vida, lo que da lugar a una gran diversidad en flora y fauna. Cerca de la cima existen bosques casi puros de copey *(Clusia rosea)*. Allí los felinos y las dantas *(Tapirus bairdii)* son muy numerosos. En el parque se han observado 257 especies de aves, incluyendo a la calandria *(Procnias tricarunculata)* de fuerte y raro canto metálico. Los insectos son muy abundantes; sobresalen entre todos las bellas mariposas morfo *(Morpho* spp.). En este parque existe probablemente la mayor población en estado silvestre de la guaria morada *(Cattleya skinneri)*, la flor nacional. Uno de los mayores beneficios de esta área silvestre es la protección del gran sistema de cuencas hidrográficas que posee el volcán.

Rincón de la Vieja National Park

14,083 hectares.

Rincón de la Vieja at 1,916 meters above sea level is a composite structure formed by the simultaneous eruption of several volcanic cones which grew into one single mountain. At the summit nine mouths have been identified, two of which are active and the rest in the process of extinction. There is also a clear-water lake that measures 3 hectares and is exceptionally beautiful. The last violent period of activity accompanied by clouds of ash, rumblings and tremors took place between 1966 and 1970. At the foot of the volcano on the southern slope there are two regions known as Las

Pailas and Las Hornillas which are made up of hot springs, sulfur lakes, mud-pots and other interesting formations. Rincón de la Vieja consists of four life zones which is what explains the great variety of its plant and wildlife. Close to the summit there are almost pure cupey forests *(Clusia rosea)* where felines and tapirs *(Tapirus bairdii)* abound. Sightings of 257 species of birds have been made in the park, including the three-wattled bellbird *(Procnias tricarunculata)* which has a strange, loud, metallic song. Insects are numerous, the most outstanding being the beautiful morpho butterflies *(Morpho* spp.). This park probably has the largest wild growth of purple orchid *(Cattleya skinneri),* which is the national flower of Costa Rica. One of the major benefits of this region of wildlands is the conservation of the vast hydrographic system of the volcano.

Parque Nacional Braulio Carrillo

31.401 Ha.

Este parque, dedicado al Benemérito de la Patria Lic. Braulio Carrillo, tercer Jefe de Estado de Costa Rica, constituye una de las zonas de topografía más abruptas del país. Prácticamente todo el paisaje está constituido por altas montañas densamente cubiertas de bosques primarios y siempreverdes, y por innumerables ríos caudalosos que forman cañones profundos, a veces de paredes casi verticales. La topografía y alta precipitación, unos 4.500 mm. en promedio al año, dan lugar a la formación de infinidad de cascadas que se observan por todas partes. Dos volcanes apagados, el Barba, con varias lagunas, y el Cacho Negro, se encuentran den-

tro de los límites del parque. La mayor parte del parque está cubierta por un bosque siempreverde, primario, de gran espesura, densidad, altura y complejidad. Los bosques más altos y de mayor número de especies se encuentran en las partes más bajas, frente a la llanura caribeña. En general, se estima que existen unas 6.000 especies de plantas en el parque. Los helechos arborescentes, las heliconias *(Heliconia* spp.), las palmas, los robles *(Quercus* spp.), las bromeliáceas y las lauráceas son muy comunes. La fauna es abundante, particularmente la avifauna, de la cual se han descubierto casi 400 especies, incluyendo el quetzal *(Pharomachrus mocinno),* el ave más bella del continente; el extraño pájaro sombrilla *(Cephalopterus glabricollis),* la esmeralda de coronilla cobriza *(Elvira cupreiceps),* colibrí endémico para Costa Rica; y el águila solitaria *(Harpyhalietus solitarius),* rapaz rara y poco conocida. Una moderna carretera atraviesa el parque de NE. a SO.

Braulio Carrillo National Park

31,401 hectares.
This park, which is dedicated to Braulio Carrillo, a national benefactor and third Chief of State of Costa Rica, constitutes one of the regions with the most abrupt terrain in the country. Almost all of the landscape consists of high mountains densely covered with primary forests and carved by innumerable rushing rivers which form deep canyons that at times are boxed between sheer vertical walls. The topography and high rainfall rate (an annual average of about 4,500 mm.) are responsible for forming an infinite number of waterfalls which can be seen everywhere. Two extinct volcanoes, Barba, with several lakes, and Cacho Negro, can be found within the boundaries of the park. Most of the park is covered with an evergreen forest which is unusally thick, tall and complex. The tallest forests and largest number of species are located in the lower regions in front of the Caribbean plains. On the whole, it is estimated that approximately 6,000 plant species live in the park. Tree ferns, heliconias *(Heliconia* spp.), palm trees, oaks *(Quercus* spp.), bromeliads and lauraceous plants are very common. There is abundant wildlife, especially birds of which almost 400 species have been discovered, including the quetzal *(Pharomachrus mocinno)* which is considered to be the most beautiful land bird, the strange bare-necked umbrella bird *(Cephalopterus glabricollis)*, The coppery-headed emerald *(Elvira cupreiceps)* —an endemic Costa Rican hummingbird— and the solitary eagle *(Harpyhalietus solitarius)* which is a rare bird of prey that has hardly been studied. A modern highway crosses the park from northeast to southwest.

Parque Nacional Volcán Poás

5.317 Ha.

El Poás, un volcán basáltico compuesto de 2.708 m. de elevación, es uno de los volcanes activos más espectaculares del país. El cráter es una enorme hoya de 1,5 km. de diámetro y 300 m. de profundidad con un largo historial de grandes erupciones; la del 25 de enero de 1910 consistió en una inmensa nube de ceniza que se elevó hasta unos 8.000 m. El último período eruptivo, con emisión de grandes nubes de ceniza y piedras incandescentes, acompañadas de ruidos subterráneos, ocurrió entre 1952-54. Por períodos irregulares el volcán emite erupciones plumiformes o tipo geiser, que consisten en una columna de agua lodosa acompañada de vapor que se eleva del centro de la laguna cratérica a veces hasta a 200 m. de altura. Estas erupciones le han valido al Poás la fama de ser el mayor geiser del mundo. Actualmente el volcán tiene fumarolas muy activas localizadas en el interior del cráter, y ocasionalmente emite grandes erupciones. Ecológicamente el parque se divide en cuatro hábitats: las áreas sin vegetación en los alrededores del cráter, el área de arrayanes *(Vaccinium consanguineum)*, el bosque achaparrado y el bosque nuboso. La fauna es escasa, aunque las aves, particularmente los colibríes y los escarcheros *(Turdus nigrescens)*, sí son muy comunes. Una de las áreas de mayor belleza escénica es la laguna Botos, un antiguo cráter que se llenó de agua. El Poás es el parque nacional más desarrollado y visitado del sistema, y uno de los pocos volcanes del continente, accesible por carretera.

Poás Volcano National Park

5,317 hectares.
Poás, a composite basaltic volcano located 2,708 meters above sea level, is one of the most spectacular active volcanoes in the country. The crater is an enormous mouth that measures 1.5 kilometers in diameter and 300 meters deep. It has a long history of eruptions. The explosion that took place on January 25, 1910, consisted of an immense cloud of ash that rose approximately 8,000 meters high. The last period of activity with eruptions that hurled huge clouds of ash and incandescent rocks and that were accompanied by tremors and rumblings took place between 1952-54. At

sporadic periods the volcano produces geyser-like eruptions by sending up an immense column of muddy water clouded with steam that shoots up from the center of the crater lake sometimes as high as 200 meters. These eruptions have won Poás the fame of being the largest geyser in the world. Today the volcano has many active fumaroles located in the interior of the crater and at times huge eruptions take place. Ecologically, the park is divided into four habitats: the areas devoid of vegetation on the lip of the crater, the blueberry thickets *(Vaccinium consanguineum)*, dwarf vegetation and cloud forest. There is little wildlife although birds, especially hummingbirds and sooty robins *(Turdus nigrescens)* do abound. One of the most beautiful nature spots is Botos Lake, an ancient crater which has been filled with water. Poás is the most developed and visited national park in the system and one of the few mainland volcanoes that is accessible by road.

Parque Nacional Volcán Irazú

2.308 Ha.
El volcán Irazú, o «santabárbara mortal de la naturaleza», como ha sido llamado, es un volcán activo de 3.432 m. de altura, accesible por carretera, que tiene una larga historia de erupciones caracterizadas por el lanzamiento de grandes nubes de ceniza y de rocas encendidas, acompañadas de retumbos y sismos locales. El primer relato histórico de una erupción data de 1723; el último período eruptivo ocurrió entre 1962 y 1965. En la cima existen dos cráteres, el Diego de la Haya, inactivo, y el occidental, de 1.050 m. de diámetro y unos 300 m. de profundidad, y que presenta una laguna de aguas de color variable. Por ahora, la actividad se reduce a una moderada emisión de gases y vapor en las fumarolas del flanco NO. del macizo. La flora ha sufrido fuertes alteraciones a causa de las erupciones; en la actualidad casi toda el área del parque presenta vegetación rala y achaparrada, formada principalmente por arrayán *(Vaccinium consanguineum)*, lengua de vaca *(Miconia* sp.) y roble negro *(Quercus costaricensis)*. La fauna es escasa; lo más abundante son conejos, coyotes, ardillas, colibríes y palomas. El área es muy hermosa y en días despejados, desde la cima es posible ver en un mismo punto ambos océanos y gran parte del territorio nacional.

Irazú Volcano National Park

2,308 hectares.

Irazú Volcano, or «the deadly powder keg of Nature» as it has been called, is an active volcano located at 3,432 meters above sea level and accessible by road. It has a long history of violent activity which is usually accompanied by eruptions of great masses of clouds of burning rock and ash together with nearby rumblings and tremors. The first historical

record of an eruption dates from 1723 while the last violent period of activity took place between 1962 and 1965. On the summit of the volcano there are two craters, the eastern and extinguished mouth, Diego de la Haya Crater, and the western mouth that stretches 1,050 meters in diameter and about 300 meters deep with a lake at the bottom that changes color. At the present time the activity is reduced to a moderate emission of gases and vapors from the fumaroles on the northwestern slope of the volcano. The plant life has suffered great changes as a result of the eruptions and today the sparse and twisted vegetation of the park

is mainly formed of blueberry thickets *(Vaccinium consanguineum)*, miconia *(Miconia* sp.) and black oak *(Quercus costaricensis)*. The wildlife is scarce, the most abundant animals being rabbits, coyotes, squirrels, hummingbirds and doves. The region is quite beautiful and from the summit on clear days and from a single look-out point, it is possible to see both oceans and a large part of the mainland.

Monumento Nacional Guayabo

217 Ha.
Es el área arqueológica más importante del país. La ocupación humana del sitio parece remontarse al año 500 A. C., aunque fue entre el 800 y el 1.400 D. C. cuando se produjo el mayor desarrollo del cacicazgo y se construyeron las estructuras de piedra que se ven hoy día. Los rasgos arquitectónicos de cantos rodados presentes son las calzadas, las gradas, los muros de contención, los puentes, los montículos de forma circular, elipsoidal o rectangular; los basamentos de piedra de diferentes formas y los acueductos abiertos y cerrados. Hasta la fecha han sido excavados unos 50 rasgos arquitectónicos. Igualmente, por toda el área se ob-

servan infinidad de petroglifos. A juzgar por su ubicación y extensión, y por lo fino de los objetos en cerámica, piedra y oro encontrados, se considera que Guayabo tuvo una gran importancia cultural, política y religiosa. En el cañón del río Guayabo, próximo al área arqueológica, se puede observar una muestra de los bosques altos y siempreverdes típicos de la región.

Guayabo National Monument

217 hectares.
This is the most important archaeological site in the country. Human occupation of the region seems to date back to 500 B. C., although it was between 800 and 1400 (A. D.) when the greatest development of the chiefdom took place and when the stone structures that can be seen today were built. The architectural features are made of round boulders of

different sizes and consist of cobble-paved causeways and streets, tiers, retaining walls, bridges, circular or ellipsoid or rectangular mounds, stone house foundations in different shapes and open or walled-in aquaducts. To date some 50 architectural features have been excavated. Likewise, innumerable petroglyphs have been found throughout the entire region. Judging by its location and extension and in view of the finely worked objects of pottery, stone and gold that have been discovered, it is thought that Guayabo had a great cultural, political and religious importance. In the Guayabo River Canyon, close to the archaeological site, an example of tall evergreen forest typical of the region can be seen.

Refugio Nacional de Fauna Silvestre Tapantí

4.715 Ha.
Es un área de topografía muy irregular, caracterizada por una gran cantidad de ríos y quebradas como resultado de la alta precipitación y nubosidad. Los bosques son primarios, siempreverdes, densos y de mediana altura. Los troncos están totalmente cubiertos de musgos, hepáticas, líquenes, helechos, bromelias y otras plantas epífitas. Algunos de los árbo-

les más abundantes son el roble *(Quercus* sp.), el jaúl *(Alnus acuminata),* el chile muelo *Drymys winteri),* el quizarrá *(Nectandra* sp.) y el ira rosa *(Ocotea* sp.). Los helechos arborescentes, las orquídeas y los bejucos son también muy comunes. Una especie que se encuentra en taludes y áreas abiertas, es la sombrilla de pobre *(Gunnera insignis),* la planta de hojas más grandes del país. La fauna es diversa y numerosa, aunque, a excepción de las aves y las mariposas, difícil de ver; algunas de las especies amenazadas de extinción que existen aquí son la danta *(Tapirus bairdii),* el manigordo *(Felis pardalis),* la nutria *(Lutra longicaudus),* el león breñero *(Felis yagouaroundi),* el tigrillo *(Felis tigrina)* y varias especies de águilas. Esta área, dentro de la cual se haya una pequeña represa para fines hidroeléctricos, es en general poco conocida biológicamente.

Tapantí National Wildlife Refuge

4,715 hectares.
This is a region of very broken terrain, characterized by a large number of rivers and gorges due to the high rate of rainfall and cloud-cover. The forests are primary evergreen, very thick and of medium height. The trunks of the trees are completely covered with moss, liverwort, lichen, ferns, bromeliads and other epiphytic plants. Some of the more abundant trees are the oak *(Quercus* sp.), alder *(Alnus acuminata),* winter's bark tree *(Drymys winteri),* sweetwood *(Nectandra* sp.) and lancewood *(Ocotea* sp.). Tree ferns, orchids and clinging vines are also very common. A species that grows on the slopes and in clearings is the poor people's umbrella *(Gunnera insignis)* which is the plant with the largest leaves in the country. The wildlife is rich and varied, although, with the exception of butterflies and birds, difficult to see. Some of the endangered species that live here are the tapir *(Tapirus bairdii),* ocelot *(Felis pardalis),* otter *(Lutra longicaudus),* yaguaroundi *(Felis yagouaroundi),* little spotted cat *(Felis tigrina)* and different species of eagles. This area, which contains a small dam to produce electricity, is biologically not very well known.

Parque Nacional Chirripó y Parque Internacional de La Amistad Costa Rica-Panamá

Chirripó: 50.150 Ha.; Amistad: 190.513 Ha.
Ambos parques constituyen el área de mayor diversidad ecológica del país, abarcan el bosque virgen más grande de Costa Rica y conforman una de las regiones de mayor potencial hidroeléctrico de la nación. Se encuentran aquí presentes 8 de las 12 zonas de vida representadas en el país, y un número extraordinario de ecosistemas, producto de las diferencias en altura, clima, suelo y topografía, tales como los páramos —con vegetación achaparrada y que se extienden a partir de los 3.000 m.—, las ciénagas, los robledales —con árboles de roble *(Quercus* spp.) rectos y de gran altura—, los madroñales, los helechales, diversos tipos de comunidades arbustivo-herbáceas y los bosques mixtos de diversa composición. La fauna es tan diversa como la flora; se han observado unas 215 especies de mamíferos —incluyendo la población más alta del país de dan-

tas *(Tapirus bairdii)*—, unas 400 aves —entre ellas el quetzal *(Pharomachrus mocinno)*, también llamado el fénix de los bosques—, 250 anfibios y reptiles y 115 de peces. Se estima que ambos parques incluyen más del 60% de todos los vertebrados e invertebrados del país. El cerro Chirripó con 3.819 m. es la montaña más alta del país; las lagunas que se encuentran en su cima se formaron hace unos 25.000 años por la acción de los glaciares. Los innumerables valles, sabanas y picos que existen en ambas áreas, son de incomparable belleza escénica, y las cimas constituyen excelentes miradores. Ambos parques y algunas áreas vecinas fueron declarados por la UNESCO en 1982 como «Reserva de la Biosfera» y en 1983 como «Sitio del Patrimonio Mundial».

The Costa Rican-Panamenian International Friendship Park and Chirripó National Park

Chirripó: 50,150 hectares. Friendship: 190,513 hectares.
Both parks constitute the area of greatest ecological diversity in the country. They include the largest virgin forest and enclose one of the regions with the largest hydroelectrical potential in Costa Rica. In these parks there are eight of the twelve life zones represented in the country and an extraordinary number of ecosystems which are a product of the different altitudes, climates, soil and topography. These life zones include the paramos at 3,000 meters above sea level with their stunted dwarf vegetation, swamps, oak forests with straight tall trees *(Quercus* spp.), *Arctostaphylos* forests, fern groves, different kinds of herbaceous bush communities and different kinds of mixed forests. The wildlife is as varied as the plant life. Sightings have been made of approximately 215 species of mammals, including the largest population of tapirs *(Tapirus bairdii)* in the country, some 400 species of birds among which can be found the quetzal *(Pharomachrus mocinno),* also known as the «phoenix of the forest», 250 species of amphibians and reptiles and 115 of fish. It is estimated that both parks include over 60% of all the vertebrate and invertebrate animals in the country. Chirripó Peak which reaches a height of 3,819 meters is the highest mountain in Costa Rica. The lakes that are found on its summit were formed approximately 25,000 yeras ago by glaciars. The innumerable valleys, savannas and peaks that exist in both regions are of incomparable scenic beauty and the summits provide excellent look-out points. In 1982, UNESCO declared both parks and some of the neighboring areas to be a «Biosphere Reserve» and in 1983, to be a «World Heritage Site».

Reserva Biológica Hitoy-Cerere

9.044 Ha.
La reserva se localiza en una zona muy húmeda; llueve más de 3.500 mm. por año. La topografía es sumamente abrupta y toda el área está surcada por infinidad de ríos muy pedregosos y con muchos rápidos. Las cascadas son numerosas y algunas alcanzan decenas de metros de altura. Los bosques son siempreverdes, de varios estratos, muy densos y de gran complejidad biológica. Llama la atención la altura de los árboles; la mayoría tienen más de 30 m., y los emergentes como el cedro macho *(Carapa guianensis)*, el gavilán *(Pentaclethra macroloba)*, el María *(Calophyllum brasiliense)*, la ceiba *(Ceiba pentandra)*, el jabillo *(Hura crepitans)* y el guayabón *(Terminalia lucida)*, alcanzan unos 50 m. En el sotobosque abundan los helechos arborescentes. La fauna es rica y variada, aunque la mayoría de las especies, por vivir en las copas o ser nocturnas, son poco visibles; los perezosos, los monos, los saínos *(Tayassu tajacu)* y las ranas son bastante abundantes. Se han observado unas 115 especies de aves en el área, incluyendo las oropéndolas de Montezuma *(Gymnostinops montezuma)* que se congregan para construir gran cantidad de nidos colgantes en un solo árbol. En general la reserva ha sido poco explorada geográfica y biológicamente.

Hitoy-Cerere Biological Reserve

9,044 hectares.
The reserve is located in a very humid area: the annual rainfall rate is over 3,500 mm. The terrain is extremely abrupt and the entire region is criss-crossed by innumerable rocky rivers with lots of rapids. There are numerous waterfalls as well, some of which plunge from great heights. The forests are dense evergreen with several layers and a great biological complexity. The height of the trees is impressive: most of them tower over 30 meters high and the emergent layer made up of crabwood *(Carapa*

guianensis), wild tamarind *(Pentaclethra macroloba)*, Santa María *(Calophyllum brasiliense)*, silk cotton tree *(Ceiba pentandra)*, possum-wood *(Hura crepitans)* and mountain guayabo *(Terminalia lucida)* soar to some 50 meters high. In the forest understory there are numerous tree ferns. The wildlife is rich and varied although most of the species are difficult to see because of their arboreal or nocturnal habits. Sloths, monkeys, collared peccaries *(Tayassu tajacu)* and frogs are quite abundant. Around 115 species of birds have been sighted in the area including Montezuma oropendolas *(Gymnostinops montezuma)* which congregate in large numbers to build their hanging nests in one single tree. In general, the geographical and biological aspects of the reserve have hardly been explored.

Refugio Nacional de Vida Silvestre Caño Negro

9.969 Ha.

La laguna estacional de Caño Negro, de unas 800 Ha. de superficie, es un área de rebalse del río Frío, que durante la breve estación seca llega a desaparecer casi por completo. En las orillas de la laguna predomina la vegetación herbácea constituida principalmente por junco *(Juncus* sp.) y por diversas especies de pastos y ciperáceas, junto con arbustos aislados. Al secarse el lago, la mayor parte del terreno se observa cubierto por el pasto gamalote *(Paspalum fasciculatum)*. En los alrededores del lago y en las partes N. y S. predominan bosques mixtos inundados o de inundación

estacional, y bosques de palmas con predominio de yolillo *(Raphia taedigera)*, palma real *(Scheelia rostrata)* y palma corozo *(Elaeis oleifera)*. La avifauna acuática es particularmente abundante; las especies más comunes de aves son el pato aguja·*(Anhinga anhinga)*, la garza rosada *(Ajaia ajaja)*, el ibis blanco *(Eudocimus albus)*, el gallito de agua *(Jacana spinosa)*, el águila pescadora *(Pandion haliaetus)*, el totí *(Quiscalus nicaraguensis)*, el cigüeñón *(Mycteria americana)*, el pijije común *(Dendrocygna autumnalis)*, la garcilla bueyera *(Bubulcus ibis)* y el pato chancho *(Phalacrocorax olivaceus)*, cuya colonia en el refugio es la más grande del país. En el río y en los caños abundan también tortugas, caimanes *(Caiman crocodylus)*, diversas especies de peces, incluyendo tiburones, róbalos *(Centropomus* sp.) y gaspares *(Atractosteus tropicus)* —cuyo desove es un espectáculo extraordinario—, y unos caracoles de gran tamaño del género *Pomacea*.

Caño Negro National Wildlife Refuge

9,969 hectares.

Caño Negro Lake, which extends some 800 hectares, is located at the point where the Frío River backs up. Being seasonal, it completely disappears during the short dry season. Herbaceous vegetation predominates on the shores of the lake, consisting mainly of rushes *(Juncus* sp.) and different species of grasses and cyperaceous plants together with isolated bushes. When the lake dries up, most of the exposed land is covered with gamalote grass *(Paspalum fasciculatum)*. Around the lake and in the northern and southern areas there is a predominance of flooded mixed forest or seasonally flooded mixed forest and palm groves in which the most numerous species are the jolillo *(Raphia taedigera),* royal palm *(Scheelia rostrata)* and corozo palm *(Elaeis oleifera)*. The waterfowl is especially abundant. The most common species of birds are the anhinga *(Anhinga anhinga),* roseate spoonbill *(Ajaia ajaja),* white ibis *(Eudocimus albus),* jacana *(Jacana spinosa),* osprey *(Pandion haliaetus),* bronzed grackle *(Quiscalus nicaraguensis),* wood stork *(Mycteria americana),* black-bellied tree duck *(Dendrocygna autumnalis),* cattle egret *(Bubulcus ibis)* and neotropic cormorant *(Phalacrocorax olivaceus)* which nests in this refuge in what constitutes the largest colony in the country. In the river and its feeders there are also numerous turtles, caimans *(Caiman crocodylus),* different species of fish including sharks, robalos *(Centropomus* sp.) and gars *(Atractosteus tropicus)* —which offer an extraordinary performance during the spawning season— and some very large snails of the *Pomacea* genus.

Refugio Nacional de Fauna Silvestre Barra del Colorado

92.000 Ha.
El refugio se localiza en una región formada por una gran llanura aluvial de origen reciente, en la que afloran pequeñas colinas de roca volcánica. Toda el área es muy lluviosa —unos 6.000 mm. al año— y está constituida por un mosaico de bosques pantanosos, yolillales, pantanos herbáceos, lagunas y bosques mixtos de diversa composición. La fauna silvestre es en general muy abundante; algunas de las especies en peligro de extinción aquí presentes son el manatí *(Trichechus manatus)*, la danta *(Tapirus bairdii)*, el puma *(Felis concolor)*, el jaguar *(Felis onca)*, el mani-

gordo *(Felis pardalis)*, el león breñero *(Felis yagouaroundi)* y el caimán *(Caiman crocodylus)*. Algunas de las especies de aves más conspícuas presentes son el tucán pico iris *(Ramphastos sulfuratus)*, la lapa verde *(Ara ambigua)* y el águila pescadora *(Pandion haliaetus)*. En las lagunas y ríos de esta región vive el pez gaspar *(Atractosteus tropicus)*, un fósil viviente que se asemeja a un cocodrilo, y en ciertas épocas se observan grandes cardúmenes de sábalos *(Megalops atlanticus)*, pez marino de enorme tamaño.

Barra Del Colorado National Wildlife Refuge

92,000 hectares.
The refuge is located in a region formed by a vast alluvial plain of recent geological origin which is dotted with small hills of volcanic rock. The entire region receives a great amount of rainfall with an annual rate of about 6,000 mm. and it consists of a mosaic of swamp forests, *Raphia* swamps, herbaceous swamps, lakes and different kinds of mixed forests. The wildlife is generally abundant. Some of the endangered species that inhabit the refuge are the West Indian manatee *(Trichechus manatus)*, tapir *(Tapirus bairdii)*, puma *(Felis concolor)*, jaguar *(Felis onca)*, ocelot *(Felis pardalis)*, yaguaroundi *(Felis yagouaroundi)* and caiman *(Caiman crocodylus)*. Some of the most conspicuous bird species are the keel-billed toucan *(Ramphastos sulfuratus)*, great green macaw *(Ara ambigua)* and osprey *(Pandion haliaetus)*. The lakes and rivers of this region are inhabited by the gar *(Atractosteus tropicus)*, a living fossil which looks like a crocodile, and, during certain times of the year, by large schools of tarpon *(Megalops atlanticus)*, a migratory salt water fish which is remarkable for its huge size.

Parque Nacional Tortuguero

18.946 Ha.

Es el área más importante de toda la mitad occidental del Caribe, para el desove de la tortuga verde *(Chelonia mydas)*. Otras especies de tortugas marinas que también anidan en la extensa playa del parque son la baula *(Dermochelys coriacea)* y la carey *(Eretmochelys imbricata)*. Tortuguero es una de las zonas más lluviosas del país —entre 5.000 y 6.000 mm. al año— y es una de las áreas silvestres de mayor diversidad ecológica. Los principales hábitats presentes son vegetación litoral, bosques pantanosos, pantanos herbáceos, yolillales —formados casi exclusivamente por la palma *Raphia taedigera*—, bosques altos muy húmedos y comunidades herbáceas sobre lagunas. La fauna es rica y variada, pero difícil de observar por lo denso de la vegetación y lo pantanoso del terreno; sin embargo, muchas de las 309 especies de aves identificadas hasta ahora, como el pato de agua *(Heliornis fulica)*, al igual que otras especies de animales arbóreos como monos y perezosos, sí se pueden observar fácilmente desde los canales. En ciertas épocas del año, pueden verse desde la costa espectaculares migraciones de aves que anidan en América del Norte. Un

sistema natural de canales y lagunas navegables y de gran belleza escénica cruzan el parque de SE. a NO., y son el hábitat del pez gaspar *(Atractosteus tropicus)* —un fósil viviente—, el manatí *(Trichechus manatus)* y del cocodrilo *(Crocodylus acutus)*, ambas especies en peligro de extinción.

Tortuguero National Park

18,946 hectares.
This park is the most important site in the entire western half of the Caribbean where the green turtle *(Chelonia mydas)* nests. Other species of sea turtle which also come to nest on the park's long beach are the leatherback turtle *(Dermochelys coriacea)* and the hawksbill turtle *(Eretmochelys imbricata)*. Tortuguero is one of the rainiest regions in the country with an annual rate between 5,000 and 6,000 mm. It is also one of the wildlands with the greatest ecological diversity. The main habitats here are littoral woodland, swamp forest, herbaceous swamp, *Raphia* swamps formed almost exclusively of *Raphia taedigera* palm trees, very tall rain forest and floating aquatic plants. The wildlife is rich and varied but difficult to observe because of the dense vegetation and the swampy terrain. However, many of the 309 species of birds identified to date, such as the sungrebe *(Heliornis fulica)*, as well as other arboreal animals, such as monkeys and sloths, can be easily observed from the canals. During certain times of the year, spectacular migrations of birds which nest in North America can be seen from the coast. Crossing the park from the southeast to the northwest is a natural system of lakes of great scenic beauty and navigable canals that form the habitat of the gar *(Atractosteus tropicus)* which is a living fossil, the West Indian manatee *(Trichechus manatus)* and the crocodile *(Crocodylus acutus)*, the latter two being endangered species.

Parque Nacional Cahuita

1.067 Ha.

Cahuita es una de las áreas más bellas del país. El principal atractivo lo constituyen sus extensas playas de arena blancuzca, de poco oleaje y pendiente, y de aguas muy claras. El arrecife de coral, que se extiende de forma de abanico frente a punta Cahuita, es el único bien desarrollado en la costa del Caribe de Costa Rica y tiene una superficie de unas 600 Ha. Está conformado por ripio de coral viejo, de praderas submarinas de pasto de tortuga *(Thalassia testudinum)*, de arena al descubierto y de parches de coral vivo. Lo que más llama la atención al naturalista que con equipo simple de buceo recorre este verdadero jardín submarino, son los corales de cuernos de alce *(Acropora palmata)*, los corales cerebriformes *(Diploria strigosa)*, los abanicos de mar *(Gorgonia flabellum)*, e infinidad

de peces multicolores, como el ángel reina *(Holacanthus ciliaris)* y el isabelita *(Holacanthus tricolor)*. Se han identificado 35 especies de corales, 140 de moluscos, 44 de crustáceos, 128 de algas, y las especies de peces de agua dulce y salada suman unas 500. La mayor parte de la punta Cahuita está constituida por un pantano; otros hábitats presentes son el bosque mixto no inundado, el manglar y la vegetación litoral, que contiene infinidad de cocoteros. La fauna es variada; abundan los cangrejos y son comunes los monos congo *(Aluatta palliata)*, los mapachines *(Procyon lotor)* y los pizotes *(Nasua nasua)*, al igual que varias especies de aves de bosque pantanoso como el ibis verde *(Mesembrinibus cayennensis)* y el martín pescador verdirrojizo *(Chloroceryle inda)*. Durante algunas épocas del año, Cahuita es también un sitio importante de descanso para grandes bandadas de aves migratorias, particularmente golondrinas y reinitas. Un naufragio del siglo XVIII que se encuentra cerca de la desembocadura del río Perezoso, es el recurso cultural más importante del parque.

Cahuita National Park

1,067 hectares.
Cahuita is one of the most beautiful regions in the country. Its main attraction is its long, white sandy beaches that slope gently into calm waves of crystal-clear water. The coral reef which spreads like a fan in front of Cahuita Point covers an expanse of 600 hectares and is the only reef that is well preserved along the Costa Rican Caribbean coast. The reef is composed of the debris of old coral, of underwater pastures of turtle grass *(Thalassia testudinum),* of exposed sand and patches of live coral. What most strikes the attention of the naturalist who has simply to snorkel in order to glide through this genuine underwater garden are the formations of elkhorn coral *(Acropora palmata),* smooth brain coral *(Diploria strigosa),* Venus sea fan *(Gorgonia flabellum)* and innumerable, multicolored fish such as the queen angelfish *(Holacanthus ciliaris)* and the rock beauty *(Holacanthus tricolor).* Identification has been made of 35 species of coral, 140 of mollusks, 44 of crustaceans, 128 of seaweed and 500 of fresh and salt water fish. Most of Cahuita Point consists of marshland. Other habitats include dry mixed forest, mangrove swamp and littoral woodland that comprises an infinite number of coconut trees. The wildlife is varied. Crabs are abundant and it is common to see howler monkeys *(Alouatta palliata),* racoons *(Procyon lotor)* and coaties *(Nasua narica),* along with different species of swamp forest birds such as the green ibis *(Mesembrinibus cayennensis)* and the green-and-rufous kingfisher *(Chloroceryle inda).* During certain times of the year, Cahuita is also an important resting place for large flocks of migratory birds, especially swallows and warblers. The most important cultural resource in the park is a shipwreck that dates from the 18th century and lies close to the mouth of the Perezoso River.

Lista de Fotógrafos

Pág. 10: J. A. Fernández/Incafo; Pág. 11: J. A. Fernández/Incafo; Pág. 12: J. A. Fernández/Incafo (2); Pág. 13: J. A. Fernández/Incafo; Pág. 14: D. A. Hughes; Pág. 15: J. A. Abaurre/ Incafo, J. A. Fernández/Incafo; Pág. 16: J. y J. Blassi/Incafo; Pág. 17: J. M. Barrs/Incafo; Pág. 18-19: J. M. Barrs/Incafo; Pág. 20: S. Saavedra/Incafo; Pág. 21: S. Saavedra/Incafo; Pág. 22: J. L. González/Incafo; Pág. 23: S. E. Cornelius; Pág. 24-25: J. A. Fernández/Incafo; Pág. 26-27: J. L. González/Incafo; Pág. 28: J. A. Fernández/Incafo; Pág. 29: L. Blas/Incafo; Pág. 30-31; L. Blas/Incafo; Pág. 32: J. M. Barrs/Incafo; Pág. 33: J. M. Barrs/Incafo; Pág. 34: J. L. González/Incafo; Pág. 35: J. y J. Blassi/Incafo; Pág. 36: J. y J. Blassi/Incafo; Pág. 37: J. y J. Blassi/Incafo; Pág. 38: J. L. González/Incafo; Pág. 39: J. y J. Blassi/Incafo; Pág. 40-41: J. y J. Blassi/Incafo; Pág. 42-43: J. y J. Blassi/Incafo; Pág. 44: J. A. Fernández/Incafo; Pág. 45: P. Morton; Pág. 46-47: P. Morton; Pág. 48: J. y J. Blassi/Incafo; Pág. 49: J. y J. Blassi/Incafo; Pág. 50: J. y J. Blassi/Incafo; Pág. 51: C. Rivero; Pág. 52-53: J. M. Barrs/Incafo; Pág. 54: J. M. Barrs/Incafo; Pág. 55: J. y J. Blassi/Incafo; Pág. 56: J. A. Fernández/Incafo; Pág. 57: J. y J. Blassi/Incafo; Pág. 58: J. M. Barrs/Incafo; Pág. 59: J. M. Barrs/Incafo; Pág. 60; J. M. Barrs/Incafo; Pág. 61: J. y J. Blassi/Incafo; Pág. 62-63: J. y J. Blassi/Incafo; Pág. 64; J. y J. Blassi/Incafo; Pág. 65: J. M. Barrs/Incafo; Pág. 66-67: J. A. Fernández/Incafo; Pág. 68: J. M. Barrs/Incafo; Pág. 69: J. y J. Blassi/Incafo; Pág. 70: J. y J. Blassi/Incafo (2); Pág. 71: J. y J. Blassi/Incafo; Pág. 72-73: J. A. Fernández/Incafo; Pág. 74: J. A. Fernández/Incafo; Pág. 75: J. A. Fernández/Incafo; Pág. 76: J. M. Barrs; Pág. 77: J. y J. Blassi/Incafo; Pág. 78: J. A. Fernández/Incafo; Pág. 79: P. J. Deuries; Pág. 80: J. M. Barrs/Incafo; Pág. 81: J. M. Barrs/Incafo; Pág. 82-83: J. A. Fernández/Incafo; Pág. 84: J. A. Fernández/Incafo; Pág. 85: J. y J. Blassi/Incafo; Pág. 86: J. M. Barrs/Incafo; Pág. 87: J. y J. Blassi/Incafo; Pág. 88: J. M. Barrs/Incafo; Pág. 89: J. M. Barrs/Incafo; Pág. 90-91: J. y J. Blassi/Incafo; Pág. 92-93: H. Géiger/Incafo; Pág. 94: J. y J. Blassi/Incafo; Pág. 95: J. M. Barrs/Incafo.

Fotografías portada: M. A. Boza; J. A. Fernández/Incafo; J. y J. Blassi/Incafo; J. L. González/Incafo; J. M. Barrs/Incafo.